看故事 玩数学

马雪敏◎编著

天津出版传媒集团

天津教育出版社
TIANJIN EDUCATION PRESS

图书在版编目（CIP）数据

看故事玩数学 / 马雪敏编著. — 天津：天津教育出版社, 2013.4
（越玩越聪明）
ISBN 978-7-5309-7218-2

Ⅰ. ①看… Ⅱ. ①马… Ⅲ. ①数学—儿童读物 Ⅳ. ①O1-49

中国版本图书馆 CIP 数据核字(2013)第 079793 号

越玩越聪明

看故事 玩数学

出 版 人	胡振泰
编　　著	马雪敏
选题策划	袁　颖
责任编辑	王艳超
装帧设计	李　宏

出版发行	**天津出版传媒集团** 天津教育出版社 天津市和平区西康路 35 号　邮政编码 300051 http://www.tjeph.com.cn
印　　刷	大厂回族自治县祥凯隆印刷有限公司
版　　次	2013 年 4 月第 1 版
印　　次	2013 年 4 月第 1 次印刷
规　　格	16 开（710×1000）
字　　数	100 千字
印　　张	10

定　　价	24.80 元

前 言

　　数学离不开数字。数字无处不在,充斥整个世界,甚至有人说我们的世界就是由数字组成的,数字代表了信息,代表了一切。

　　从最简单的1、2、3到非常复杂的函数都是用数字诠释一个道理,诠释彼此之间的关系,借此来解释更深奥的含义。

　　数字如此玄奥神秘,给我们解决问题的同时,也给我们带来了许多快乐和启迪。

　　本书着重讲述了数字在生活、工作、生意、动物、军事以及人际关系等多方面的重要作用。

　　顽皮猴子的故事、卖鸡蛋的故事、采蘑菇的小女孩、打钟和尚的问题以及聪明的小白鼠等诸多故事让我们耳目一新。

　　在日常生活中,关于数字最常用到的就是如何利用最小的空间装载下最多的人、用最短的时间到达目的地、如何分钱以及卖房子多卖钱等问题。

　　不知道各位朋友是否遇到过这样的问题。如果你曾经遇到过的话,那么本书可以告诉你如何去解决这些问题;如果你没有遇到过的话,那么就防患于未然。

数字充满了魔力，甚至一个简简单单的数字就可以改变整个世界，改变我们对于一个事物的理解。

　　下面让我们一起来看看数字的魔幻之处，在数学的海洋里尽情遨游吧。

目 录

第一章 小动物们的数学故事

第二章　奇妙的数字游戏

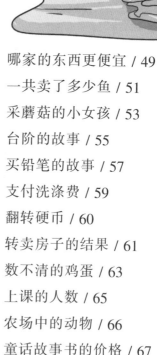

第三章　东西巧分配

第四章　古人的智慧

第五章　学数学，巧破案

第一章　小动物们的数学故事

睿智的小白鼠

　　同学们,你们听说过猫和老鼠的故事吗?是不是觉得这样的故事非常有趣?那么,我们现在就来讲述一个有关猫和老鼠的故事。

　　一天,一只小花猫捉到5只老鼠。它命令老鼠们排成一队。然后"1、2"报数,吃掉数1的老鼠。剩下的老鼠进行第二轮"1、2"报数,再吃掉数1的老鼠。最后剩下1只小白鼠。

第二天,小花猫又逮到9只老鼠,连同上次吃剩下来的小白鼠,总共10只。它还是命令这些老鼠排成一队,随后"1、2"报数,吃掉数1的,进行三轮,最后还是剩下那只小白鼠。

猫觉得很惊奇,问道:"怎么还是你?"

小白鼠回答说:"我计算过,剩下的一定是我。"

猫又问:"上次你排第4位,这次排第8位,你是怎么想出来的啊?"

问 题

好了,机灵的朋友,你能帮小花猫解决这个问题吗?

答 案

这只机灵的小白鼠是这样站位的:第一次5只老鼠,利用2×2=4,小白鼠站在第4个位置。第二次10只老鼠,利用2×2×2=8,小白鼠站在第8个位置。下次假如有20只老鼠,小白鼠就要排在第16的位置上了。

顽皮的猴子

　　朋友们,你们看到过动物园里的猴子吗?是不是很喜欢猴子调皮、灵活的样子?我们现在就来讲述一个有关猴子的故事。

　　众所周知,猴子最喜欢吃桃子了。一年夏天,桃树上结了许多红红

的桃子,猴子们看了以后,垂涎欲滴,乱哄哄地跳到树上去摘桃子。

假如每只猴子吃2个桃子,那么,树上还会剩下2个桃子。假如每只猴子吃4个桃子,那么,会有2只猴子吃不上桃子。

问 题

　　故事讲完了,朋友们,你们能够计算出一共有几只猴子、几个桃子吗?

答 案

　　树上一共有5只猴子、12个桃子。

蜘蛛爬墙

同学们,你们看到过蜘蛛吗?你们知道蜘蛛是捕虫能手吗?我们现在就来讲述一个关于蜘蛛爬墙的故事。

在很久很久以前,有一只勤劳的蜘蛛。它努力地捕杀害虫,而且意志力很坚强。

一次,这只蜘蛛沿着垂直的墙壁向上爬行。一个小时后,它到达离顶点还有一半路程的位置;又过了一个小时后,它爬了剩余路程的一半,到达离顶点还有1/4高度的位置;又过了一个小时后,它又爬了剩余高度的一半,到达离顶点还有1/8的位置。

问 题

同学们,如果这样下去,蜘蛛需要多久才能到达墙壁的顶点?

答 案

按照这个规律往上爬,蜘蛛永远也不能到达墙壁的顶点。

有多少头奶牛

　　同学们,你们喜欢喝牛奶吗?那么,你们看到过肥胖的奶牛吗?现在,我们就来讲述一个有关奶牛的数学故事。

　　阿杰是一个农场的主人。有一次,他找到了他的助手,跟他说了一段很有趣的话。

阿杰说:"假如按照我的方法去做的话,我们卖掉75头奶牛,那么我们的饲料还能维持20天;假如按照你的方法去做的话,我们再买进100头奶牛,我们的饲料还能维持15天了。"

助手听了以后,抓了抓头皮,摸不着头脑。

问　题

聪明的朋友,你能帮阿杰的助手来解决这个问题吗?你能计算出阿杰总共有几头奶牛吗?

答　案

阿杰的农场里面一共有600头奶牛。

鸡、鸭、鹅的算术题

很久以前,英国有一位著名的数学家名叫斯威夫特。他爱上了一位名叫玛丽的非常美丽的姑娘。后来,在他30岁那年如愿和这位姑娘结婚,建立了自己的家庭。夫妻俩的关系非常和睦,小日子过得很甜蜜,而且子孙满堂。

光阴似箭,时光荏苒,一转眼半个世纪过去了,到了他和玛丽50年金婚的日子,这一年斯威夫特正好80周岁。

这一天儿孙都来向他贺寿,斯威夫特非常高兴,为了一起庆祝这个值得纪念的日子,斯威夫特拿出10英镑11先令(1英镑等于20先令),吩咐佣人去购买一些鸡、鸭和鹅。

佣人买完斯威夫特要求购买的若干只家禽后,钱刚好用完了。

按照当地的习俗,同种家禽无论是大是小,都以相同的价格出

10

售。并且,假如用先令来计算,每种家禽的售价恰恰是一个整数。

斯威夫特拿出的钱是10英镑11先令,每一种家禽的只数恰好是每只家禽的售价,其中,鸡的价格最贵,其次是鸭子,最后是鹅。佣人总共买了23只家禽。

同学们,你们能算出斯威夫特一共购买了几只鸡、几只鸭子和几只鹅吗?

由于计算非常复杂,过了好久,在座的子孙都没有计算出来。这时,斯威夫特的一个小外孙用了一个极其简便的方法,便成功地解出了这道难题。

问 题

同学们,你们知道这个繁琐的数学题的简便解决方法吗?

答 案

假设购买的鸡为x只,购买的鸭子为y只,购买的鹅为z。用代数方法就可以算出答案。佣人买了鸡11只、鸭子9只、鹅3只。

蜜蜂的旅途

　　同学们，你们有没有看到过小蜜蜂？每天，小蜜蜂都在辛勤地工作，它们采来的花蜜特别好吃。我们今天来讲一个关于小蜜蜂的故事。

　　有一天，两名自行车运动员在同一时间分别从甲、乙两地出发，相

对而行。当他们相距300千米的时候,一只淘气的小蜜蜂在两名运动员之间飞来飞去,直到两名运动员相遇了,小蜜蜂才乖乖地在一名运动员的肩上停下来。

小蜜蜂以每小时100千米的速度在两个运动员之间飞行了3个小时。在这期间,两名运动员的平均车速是每小时50千米。

问 题

那么,亲爱的同学们,你能够计算出这只小蜜蜂总共飞行了多少千米吗?

答 案

这只小蜜蜂飞行了3个小时,总共飞行了300千米。

老伯分牛

　　从前,有个老人生活很艰苦,他勤勤恳恳地劳作了一辈子,到了弥留之际,他把几个儿子叫到身边,准备把耕牛分配给他们。

　　他规定:"给老大的是一头牛及牛群余数的1/7;给老二的是两头

牛及牛群余数的1/7;给老三的是三头牛及牛群余数的1/7;给老四的为四头牛及牛群余数的1/7。依此类推。按照这种方法,老人恰好把整个牛群一只不剩地分配给了他所有的儿子。

问 题

那么,同学们,你们能够计算出老农总共有多少个儿子和多少头牛吗?

答 案

老农总共有6个儿子和36头牛。

买鸡

　　东晋时期有一位叫陶渊明的诗人，他的代表作《桃花源记》流传于世，被公认为一篇佳作。关于他的很多有趣故事也广为流传。

　　一次，陶渊明出了一道算术题，想考考他的几个孩子。

　　试题是这样的：已知每只公鸡价格是5文钱，每只母鸡价格是3文钱，每3只小鸡价格是1文钱，现在用100文钱买100只鸡。

提问：在这所有的100只鸡中，公鸡总共有几只？母鸡总共有几只？小鸡总共有几只？

考问的结果很让陶渊明失望，因为他的所有孩子，居然没有一个能把这道数学题回答正确。

陶渊明回头想想：这道题看起来非常简单，但其实难度非常大，并不是每个孩子都能够回答正确的。

问　题

好了，亲爱的同学们，故事就讲到这里。聪明的你是不是跃跃欲试了呢？那就转动你的脑筋来计算一下吧。

答　案

在这所有的100只鸡中，公鸡一共有12只，母鸡一共有4只，小鸡一共有84只；或者公鸡一共有4只，母鸡总共有18只，小鸡一共有78只；或者公鸡一共有8只，母鸡一共有11只，小鸡总共有81只。

小蚂蚁搬食物

同学们，你们看到过蚂蚁吗？看到过蚂蚁搬食吗？现在，我们就来讲一个有关蚂蚁调兵遣将运送食物的故事。

一天，有一只蚂蚁出来侦察，偶然发现一条刚刚死去的大毛虫。它很得意，马上跑回洞里召集了10个伙伴一起来搬运猎物。可是，当它们赶到那条大毛虫旁边的时候，竟然怎么也搬不动——这使蚂蚁们非常

蚂蚁城

着急。它们围着猎物转来转去,最后决定再回去召集其他蚂蚁来一起运走猎物。

于是,这10只蚂蚁立即跑回洞里又各自召集了10个伙伴一起来搬运猎物。可是,当它们赶到那条大毛虫旁边的时候,同样还是怎么也搬不动。这使蚂蚁们非常着急。它们围着猎物转来转去,最后决定再次跑回洞里,各自再召集10个伙伴一起来搬走猎物。这次,当它们赶到那条大毛虫旁边的时候,终于将大毛虫运走了,把它带回了蚂蚁洞里。这使蚂蚁们非常快乐,它们一起分享了这顿美餐。

问　题

好了,同学们,请问为了完成这次搬运任务,一共出动了多少只蚂蚁?

答　案

为了完成这次搬运任务,一共出动了1331只蚂蚁。

猪、牛、羊的价格

　　同学们,你们有没有到过乡村?有没有见过活生生的猪、牛、羊?它们看上去十分可爱,同时它们也是农户家中一笔不小的财富。村民们靠养猪、牛、羊来维持自己的生计。

　　现在,我们就来讲一个有关猪群、牛群、羊群的故事。

一次，一位老农牵出自己饲养的牲畜到集市上出售。在所有的牲畜中有2头猪、3头牛和4只羊，每种牲畜的总价都不满1000元钱。假如将2头猪与1头牛放在一起，或者将3头牛与1只羊放在一起，或是将4只羊与1头猪放在一起，那么它们各自的总价都正好是1000元钱。

问　题

那么，猪、牛、羊的单价各是多少钱？

答　案

猪的单价为360元钱；牛的单价为280元钱；羊的单价为160元钱。

食堂分成

同学们都喜欢吃肉吧？那么，我们现在就来讲述一个食堂里发生的事情。

在一所大学里有东、南、西三个餐厅，三个餐厅账目是独立的。

有一天，学校进行庆典聚餐，东面的食堂从自己饲养的猪中拿出

来4头;南面的食堂从自己饲养的猪中拿出来3头;西面的食堂因为自己饲养的猪还太小,所以就没有拿出来。这样,三个食堂一共拿出来7头猪。巧合的是:这7头猪的重量是相同的。

庆典完成后,西面的食堂拿出了70元钱作为猪肉钱。

问 题

那么,这70元钱应该如何分给东食堂和南食堂呢?聪明的朋友,相信你一定能解答这个问题的,对吗?

答 案

这70元钱应该给东食堂50元,给南食堂20元。

骡子和驴的抱怨

同学们,你们有没有看到过骡子?有没有看到过驴子?其实,骡子和驴子都是以前山区的老百姓常常使用的交通运输工具。

现在我们来讲一个骡子和驴子的故事。

有一次,一位农民牵着一头驴子和一头骡子走在大路上。驴子和骡子分别驮着几袋大米在大路上并肩走着,每袋大米重量都相同。

在路上,驴子不停地抱怨说:"我驮的货物这么沉,真是累死我了。"

骡子听了,也是一脸的不高兴。它说:"老兄,你有什么可以抱怨的呢?假如把你的一袋大米加到我的背上,我的负担就比你整整重出一倍来,假如把我的一袋大米给你驮,我们的负担才恰好相等。"

问　题

好了,故事讲完了。同学们,你能计算出骡子和驴子分别驮了几袋大米吗?

答　案

骡子驮了7袋大米;驴子驮了5袋大米。

24

第二章　奇妙的数字游戏

西瓜的单价

夏天,西瓜是最能解暑的水果之一。同学们,你是不是非常爱吃西瓜?你是不是喜欢西瓜甜美的瓜汁和清凉的口感?

现在我们就来讲一个卖瓜的故事。

一个夏日,烈日炎炎,卖西瓜的老农在高声叫卖:"1个大西瓜10元钱,买3个小的也是10元钱。"

嘿嘿!

老农的吆喝声招揽了许多顾客,大家你挑我拣,特别热闹。正当大家仔细挑瓜的时候,过来一位顾客,他拿了两种西瓜,目测到大西瓜直径约8寸,小西瓜直径约5寸。他不禁犯了难:到底买哪种更合适呢?

　　这时走来了一位少先队员,他运用自己在学校所学的知识,非常快地帮顾客解决了这个问题。

问　题

　　你能不能解决这个问题呢?试试看吧,聪明的你,一定会找出正确答案的。

答　案

　　对于要买西瓜的顾客来说,从体积上来算一算,买大西瓜划算,买小西瓜是吃亏的。

每人带了多少钱

　　同学们，我们的日常生活离不开钱，它可以买来好吃的、好玩的，还有好看的衣服。现在我们就来讲述一个跟钱有关的问题。

　　在法国，有三个小朋友，他们把裤袋里的钱都拿出来，数了数一共是320法郎。其中两张100法郎的，两张50法郎的，两张10法

郎的。

　　已知每个小朋友所带的同一面值的纸币只有一张。并且，没有带100法郎的孩子也没带10法郎，没带50法郎的孩子也没带10法郎。

问　题

　　好了,同学们,你们能够计算出这三个小朋友每个人各带了多少面值的法郎吗?

答　案

　　第一个孩子带了100法郎、50法郎和10法郎，第二个孩子带的钱和第一个孩子相同，第三个孩子没有带钱。

魔术师的技巧

　　同学们，你们喜欢魔术吗？是不是经常痴迷于千变万化的魔术表演？其实，每一个魔术都有许多的自然规律在里面，有的魔术还与数学规律有着密切的联系。现在，我们就来讲述一个有关魔术的故事。

　　有一位非常有名的魔术师精通这样一个魔术：他将一枚2分硬币和一枚5分硬币让一位观众拿在手里。这位观众把两枚硬币分开，任意地放在左手和右手里，观众的左右手拿的分别是哪种硬币，魔术师是

不知道的。魔术师说："亲爱的朋友,请你把右手中的硬币币值乘以3,把左手中的硬币币值乘以2,然后请你把它们两积加3的和告诉我。"那位观众按照魔术师的吩咐,照着办了。结果,魔术师很快就猜中了结果,这让周围的观众惊呆了,台下响起了一阵雷鸣般的掌声。

他的徒弟询问其中的奥秘,魔术师神秘地笑笑,说："其实,这个魔术的破解办法是有规律的, 假如那位合作的观众得到的和是奇数,那么他的左手拿着的就是2分硬币;假如他得到的和是偶数,那么他的右手拿着的就是2分的硬币。"

问 题

同学们帮观众算一算好吗? 转动脑筋,相信你一定行的!

答 案

魔术师的魔术是有科学依据的。魔术师是按照数字的奇偶规则来判断的。这是因为,奇偶之和为奇数,偶数之和为偶数。

跳棋棋子的数目

小朋友们,你们平时喜欢玩跳棋吗?是不是一玩就是好长时间呢?现在,我们就来聊一聊有关跳棋棋子个数的问题。

吃完晚饭,爸爸、妈妈和小红三个人决定下一盘跳棋。在打开装棋子的盒子前,爸爸忽然用大手盖住盒子对小红说:"小红,爸爸给你出一道跳棋棋子的题,看你会不会做?"小红毫不犹豫地说:"行,您出

吧？""好,你仔细听:这盒跳棋有红、绿、蓝色棋子各15个,你闭着眼睛往外拿,每次只能拿1个棋子,问最少拿几次才能保证拿出的棋子中有3个是同一颜色的?"

听了爸爸的话,小红闭着眼睛想了想,突然灵机一动,正确地答出了这道题目。

问　题

你知道小红是怎么回答的吗?

答　案

如果要保证拿出的棋子中有3个是同一颜色的,至多拿7次。

我们可以这样想:按最坏的情况,小红每次拿出的棋子颜色都不一样,可是从第4次开始,将有2个棋子是同一颜色。到第6次,三种颜色的棋子各有2个。在第7次取出棋子时,不管是何种颜色,先取出的6个棋子中必有2个与它同色,即出现3个棋子同一颜色的情况。

鸡蛋索赔

同学们,你们喜欢吃鸡蛋吗?鸡蛋非常有营养。这里我们来讲一个关于鸡蛋的故事。

有一户贫穷的人家养了很多的母鸡,但是他们舍不得吃鸡蛋,而是把鸡蛋带到集市上去卖,这样可以换些钱来。

可是有一天,当奶奶拎了一大篮鸡蛋准备到集市上去卖掉时,在路上不小心被一辆自行车撞倒,篮子里的鸡蛋全都被打破了。

车主特别内疚,说:"阿婆,您这次带来多少鸡蛋,我赔钱给您。"

老奶奶将了将头发说:"这篮鸡蛋的总数我也不知道。最初我和我的老头子从鸡窝里拣鸡蛋的时候是5个5个拣的,最后多出了1个。昨天我的老头子又重数了一遍,他是4个4个数的,最后也多出了1个。今天,我又重新数了一遍,是3个3个数的,最后也多出了1个。"

听了老奶奶的讲述,那个人细细一算,算出了鸡蛋的个数,按照市价把钱赔给了老奶奶。

问　题

聪明的同学,你能计算出老奶奶的鸡蛋个数吗?

答　案

老奶奶的鸡蛋个数最少是61枚。

火车票的种类

　　同学们,你们坐过火车吗?有认真地看过车票以及车票上标明的价格吗?现在,我们就来聊一聊火车票的价格种类问题。

　　从火车售票处买的车票,上面用铅字印着从哪一站上车,到哪一站下车,不能涂改,也很难伪造。车站要准备很多种从某站到某站的车票,所以售票员的桌上总是有一个高高大大的架子,里面分为很多小格,每一小格里放一种车票。

有一趟列车在两个城市之间往返,中途停靠4站。连头带尾,共有6个停靠站。为了这6个站,要准备多少种不同的车票呢?

从6站中的某一站出发,目标可能为另外5站中的任何一站。那么,为了这一个上车站,要准备5种票,分别到另外5站下车。

从6站中的每一站,都可能有旅客上车。6个上车站,需要准备的车票种数是5×6=30。

根据上面的分析,可以得到一个公式:

车票种数=(停靠站个数−1)×停靠站个数。

有了公式就要用。假定还是这条列车线,现在决定在途中增加3个新的停靠站。

问　题

这样,需要增加多少种新车票呢?

答　案

增加3个站点,就要有9个站。9个站需要的车票种数是8×9=72。

需要增加的车票种数是72−30=42。

37

书的单价

　　小米和小丽是两个特别爱学习的孩子。她们成绩优秀,经常得到老师的表扬。

　　小米和小丽都非常爱读书,经常结伴到书店去买书。

　　有一天,小米和小丽这两个好朋友又到新华书店去挑选自己喜欢

的书籍。结果,小米和小丽两人都看中了《一百位科学家的成功故事》这本书。可是,她们所带的钱数都不够,小米少了1.15元人民币,小丽少了0.01元人民币,更可惜的是,两人的钱加起来也不够买一本的。

问　题

好了,同学们,你们能算出这本书的价格是多少吗?小米和小丽他们各自带了多少钱?

答　案

这本书的价格是1.15元,小米口袋里没有钱,小丽口袋里有1.14元。

假钞事件

　　老李是一个开杂货铺的小老板,经营的店面不大,人却精明能干,每天早出晚归地打理着自己的生意。小店的顾客越来越多,生意非常兴隆。

　　有一天,一个人来到老李的店铺,在里面购买了一件首饰。这件饰品的成本是18元人民币,标价是21元人民币。这个人拿出一张100元的

人民币要求买下这个饰品。

遗憾的是,老李当时身边没有零钱。最后,他就用那人给的100元钱去和隔壁店铺的老板换了100元的零钱,然后找给那人79元人民币。

但是,等那个人走后,隔壁店铺的老板急匆匆跑来,大声对老李嚷道:"老李啊,刚才你给我的那张百元大钞是假钞。不行,你一定要用真钞把这张假钞换回去。"

老李呆了半晌,缓过神来,只好又拿了100元给隔壁店铺的老板。

问　题

同学们,你能算出老李在这次假钞事件中总共损失了多少元钱吗?

答　案

用100元面值减去3元的获利金额,可以得出老李在这次假钞事件中一共损失了97元钱。

瓶子里的水和牛奶

佳佳是一个很贪玩的小孩子,当她独自在家的时候,常常做一些奇怪的小游戏。但是佳佳非常聪明,她在游戏中经常会向她的父亲提一些有趣的问题。佳佳父亲都能一一应答。

一天,佳佳拿出了两个牛奶瓶。一个牛奶瓶A里盛了半瓶鲜牛奶;另一个牛奶瓶B里装满了清水。

佳佳第一次把B瓶里的水倒满A瓶,接着又将A瓶的水和牛奶倒满B瓶;第三次把B瓶里的水和牛奶倒满A瓶,最后又将A瓶的水和牛奶倒满B瓶。

倒完以后,佳佳叫来了爸爸,问他B瓶之中牛奶和水各有多少。

问 题

同学们,你能告诉佳佳B瓶之中牛奶和水各有多少吗?开动脑筋,相信你一定会算出答案的。

答 案

B瓶之中装有 $1-\dfrac{5}{16}=\dfrac{11}{16}$(瓶)水,还有 $\dfrac{5}{16}$(瓶)牛奶。

珍珠的分配

同学们,你们看到过漂亮的珍珠项链吗?现在我们就来讲述一个关于珍珠的故事。

有大学学习基础的顾阿姨,想要帮助家乡的乡亲致富,她就带领几个青年人组成了一个河蚌养殖小组。她们早出晚归,辛勤劳动,通过养殖河蚌来培育珍珠。

当然,培育出的珍珠有大有小。她们把大小不同的珍珠以不同的价格卖给顾客。大的珍珠按颗定价,小的成串出售。

现在,又到了收获珍珠的时间,顾阿姨叫来了莉莉、琳琳、红红,把三个姑娘召集在一起,然后指着一堆大大小小的珍珠说道:"今天,你们需要挑选一些珍珠到集市上出售。琳琳你挑10颗,莉莉你挑30颗,红红你挑50颗。到了集市上,你们三人要坚持相同的定价标准,每串小珍珠的个数相等,每串小珍珠的价格也相等。在同种珍珠的定价上不要有区别,并且等你们全部卖完后,每个人得到的都是30元钱。"

莉莉、琳琳、红红听了顾阿姨的话,都感觉一头雾水,不知该怎么按照顾阿姨的要求挑选各自的珍珠。

问　题

　　亲爱的同学们,你能说出按照顾阿姨的要求,怎么来挑选珍珠、怎么来给珍珠定价吗?

答　案

　　按照顾阿姨的要求,莉莉、琳琳、红红三个姑娘是这样来挑选珍珠并且来给珍珠定价的:琳琳选7颗小的珍珠,3颗大的珍珠;莉莉选28颗小的珍珠,2颗大的珍珠;红红选49颗小的珍珠,1颗大的珍珠。并且,她们又规定:小的珍珠9个连成一串,每串3元;大的珍珠按颗出售,每颗9元。

聪明的商人

　　古时候,有两个相邻的国度,本来关系非常和睦,但却因为一些小事,闹了一些矛盾,于是埋下了相互敌视的种子。最后,直闹到要大动干戈的地步。

　　有一天,甲国制定了一条法律:"从现在开始,乙国家的1元钱只相

当于本国的9毛钱。"

于是,乙国也针锋相对地制定了一条法律:"从今往后,甲国的1块钱只相当于本国的9毛钱。"

两个国家的关系僵持不下,一个住在国界附近的聪明商人却趁机大大地赚了一笔。

问　题

请问同学们,这位聪明的商人是怎样赚钱的呢?好好想一想,你很快就会有答案了。

答　案

在甲国,他用甲国的90元换乙国的100元;再到乙国,用乙国的90元换甲国100元,如此反复,此人持有甲、乙两国的货币将越来越多。

服务费的数目

很久以前,有一家中介公司,在老板的苦心经营下,招揽了许多顾客。

这家公司是根据服务项目所涉及的资金数量按一定比例收取中介费用的。

该公司目前的收费标准如下:1万元人民币以下(含1万元)收取

50元；1万元人民币以上5万元人民币以下（含5万元）收取3%；5万元人民币以上10万元人民币以下（含10万元）收取2%。

假如一项服务项目所涉及的金额是5万元人民币，公司应该收取的服务费是50+40000×3%=1250元人民币。

问　题

如果一项服务项目所涉及的金额是10万元人民币，公司应该收取的服务费是多少呢？

答　案

按照公司规章，应该收取的服务费是1250+50000×2%=2250元人民币。

哪家的东西更便宜

　　圣诞节和新年就要到了,玛丽准备购买一些食物和日常用品。因为是年底,许多商家正在进行促销活动,玛丽很高兴,她带了很多钱来到商场,想趁机购买一些优惠的打折商品。

　　她看中了一罐滋补品。这罐滋补品的原价是50元一罐。值得一提

49

的是,相邻的两家超市正分别采取不同的促销手段,同是这种滋补品,其中一家超市的优惠政策是"买五罐送一罐";另一家超市的优惠政策是"买五罐便宜20%"。

这可让玛丽犯了难,她想:"究竟买哪一家的比较划算呢?"

问　题

聪明的同学,你能帮玛丽解决这个问题吗?开动脑筋想一想,你一定能算出来的,加油!

答　案

"买五罐便宜20%"的那家商店的价格较便宜,所以玛丽应该去"买五罐便宜20%"的那家商店购买。

一共卖了多少鱼

同学们,你们喜欢吃鱼吗?我们今天就来讲一个关于卖鱼的故事。

在很久以前,有一个漂亮的女孩名叫莉莉。她从小就惹人喜爱,活泼开朗。不幸的是,她很早就失去了母亲,父亲又娶了一个妻子,继母对莉莉十分苛刻。

那时候,莉莉只有10岁。一次,继母又让她背着满满的鱼篓到市场上去卖鱼,并且规定说:"这个鱼篓里的鱼几乎都是一样大小,不许带

秤,只能按条数卖鱼。当然,每条鱼的价格都一样。"

莉莉把鱼卖完回家,继母的脸上终于露出了笑容。莉莉的爸爸也非常高兴,他悄悄问莉莉卖了多少鱼。莉莉回答说:"鱼篓里的鱼是按照条数卖给客人的,一共卖了几条,我也没有数。可我还记得第一个客人购买了鱼篓中的鱼的一半加半条;第二个客人购买了鱼篓中所剩的鱼的一半加半条;第三个客人购买了鱼篓中所剩的鱼的一半加半条,每一个客人都按照这样的方法来买我的鱼。一直到第六个人来买我的鱼,他同样也是购买了鱼篓中所剩的鱼的一半加半条。这样,鱼篓中的鱼刚好卖光了。爸爸,你说我一共卖出了多少条鱼呢?"

问　题

好了,同学们,故事讲完了,谁能来帮助莉莉算出一共卖出多少鱼?

答　案

莉莉在这一天里一共卖了63条鱼。

采蘑菇的小女孩

莹莹、珍珍、敏敏、爱爱是四个十分活泼好动的小姑娘。

一天清晨,这四个小姑娘结伴到森林里采蘑菇。9点的时候,她们准备往回走。在走出森林之前,她们各自数了数自己篮子里的蘑菇。四个人把蘑菇加起来一算,正好是72个。但是莹莹所采的蘑菇有一半是有毒的不能吃,只有另一半没毒的可以食用。于是,莹莹把有毒的蘑菇都扔了。

53

敏敏的篮子底部有个小洞,漏下了两只蘑菇,刚巧被珍珍看到,珍珍把敏敏掉的两个蘑菇捡起来放在自己的篮子里。

巧合的是:此时,敏敏、莹莹、珍珍三个人的蘑菇数正好相等。

爱爱在返回的途中,又采集了一些蘑菇,使篮子里的蘑菇数增加了一倍。

等到她们四人走出森林后,她们坐在一块大石头上休息。于是,她们又各自数了一遍篮子里的蘑菇。

这次,莹莹、敏敏、珍珍、爱爱四个小朋友的篮子里的蘑菇数目相等。

问 题

好了,亲爱的同学们,你能计算出莹莹、敏敏、珍珍、爱爱这四个小姑娘准备往回走时,各自篮子里有多少蘑菇吗?

答 案

这四个小姑娘准备往回走出森林时,莹莹篮子里有32只蘑菇,敏敏篮子里有18只蘑菇,珍珍篮子里有14只蘑菇,爱爱篮子里有8只蘑菇。

台阶的故事

　　同学们，你们知道爱因斯坦吗？爱因斯坦是世界上最著名的科学家之一。他的相对论标志着世界科学向前跨进了一大步。

　　和很多科学家一样，爱因斯坦喜欢用许多有趣又容易看懂的数学问题来考验人们的机智和逻辑推理能力。

　　现在，我们就来挑战一下大科学家爱因斯坦出的一道有名的数学题。

55

爱因斯坦说："你面前有一条特别长的阶梯,你需要从地面走上阶梯,直到阶梯的顶端。假如你每一步可以跨2阶阶梯,那么最后将剩下1阶;如果你每一步可以跨3阶阶梯,那么最后将剩下2阶;假如你每一步可以跨5阶阶梯,那么最后将剩下4阶;如果你每一步可以跨6阶阶梯,那么最后将剩下5阶;假如你每一步可以跨7阶阶梯,那么最后才能正好走完这座阶梯。"

问　题

　　好了,听完以上这个故事,你能不能计算出这条阶梯一共有多少阶?

答　案

　　这条阶梯一共有119阶。

买铅笔的故事

很久以前,有一个很聪明的同学名叫李杰,他不仅在学习上是佼佼者,而且办事能力也很强,颇受班主任老师的关注。

一次,学校要举办元旦联欢会,会上要让大家表演节目,然后做游戏。游戏第一名可以获得普通铅笔、彩色水笔、两用铅笔和自动铅笔。

于是,班主任要求李杰到文具店去购买奖品。

李杰按照班主任的吩咐拿着钱来到文具店，他总共买了50枝笔:15枝普通铅笔,每枝0.24元;7枝彩色水笔,每枝0.28元,12枝两用铅笔和16枝自动铅笔。接下来,收银员阿姨打印了一张9.10元的电脑收银条,然后把收银条交给李杰。

虽然忘记了两用铅笔和自动铅笔的价格,但是李杰只看了看收银条,就发现收银条上的价格搞错了。他把收银条交还给收银员阿姨,并且提醒她收银条上的价格有误。收银员阿姨重新核对了一下,发现果然搞错了。

问　题

同学们,请问:李杰是根据什么发现收银条搞错的呢?

答　案

因为两用铅笔和自动铅笔的数目、普通铅笔和彩色水笔的价格都是4的倍数,所以全部文具的价格总的数额应该是4的倍数,但是910不能被4整除,所以可以断定金额有误。

支付洗涤费

罗丝女士将丈夫和弟弟的领带和袖套，一共30件物品拿到洗衣店去洗。过了几天，洗衣店通知罗丝女士去取她之前送洗的物品。罗丝太太清点衣物时发现，洗好的袖套是当时自己送来的一半，领带是当时自己送来的三分之一。赵太太支付了洗涤费用27元。现在知道的是4只袖套和5条领带洗涤费用是相同的。

问　题

那么，当赵太太要取回剩下的洗涤物品时，她需要支付多少费用呢？

答　案

罗丝太太需要支付的费用是39元。一共有12只套袖和18条领带，每条领带的洗涤费为2元，每只套袖的洗涤费为2.5元，所以罗丝太太需要支付39元。

翻转硬币

桌子上面有7个硬币,全都是反面朝上的。现在要求把这7个硬币全部翻成正面朝上,一次必须翻5个硬币。

问 题

那么,根据这条规则,你能不能把所有的硬币都翻成正面朝上呢?至少要翻多少次?

答 案

可以把硬币都变成正面朝上,要分3次。第一次翻1、2、3、4、5;第二次翻2、3、4、5、6;第三次翻2、3、4、5、7。

转卖房子的结果

　　很多年前,有个中年人叫约翰。他勤恳工作,省吃俭用,攒足了钱,从房东那里以八折的价格买下来一套价值3000美金的房子。有一天,约翰迎接了一位特别尊贵的客人。谁知,这位客人打量了这所房子一

磨谷小区

番,突然提出来一个让约翰很为难的请求:他要求约翰把这所房子以买价加两成转卖给他。

因为这个人是约翰生死相依的好朋友,所以,约翰就答应了他的要求。

问　题

　　那么,同学们,你们能计算出在这次交易中约翰到底是赚了还是亏了吗?

答　案

　　因为约翰以2400美金的价格买来的房子加上两成卖出去,所以老王赚了480美金。

数不清的鸡蛋

同学们,你们一定吃过鸡蛋吧,鸡蛋是不是非常好吃?那么,我们现在就来讲述一个有关鸡蛋的故事。

从前,一位先生性格开朗,做事爱给人惊喜。有一天,他从菜场买回一箱鸡蛋,买时是论重量的,回家后想要数数总共多少只。数了几遍,总是数不清,嘴里不停地说:"咦!"

他是怎样数的呢?

他先是2个2个地把鸡蛋从硬纸箱里拿出来,放到地上,但是还剩1

个,这时才发现忘记数拿过多少次了,抓抓头,说一声:"咦!"

于是他把鸡蛋全放在地上,3个3个地往纸箱里放,最后还是剩1个,这次又忘记了次数,还是抓抓头,说一声:"咦!"

于是他再变个花样,把鸡蛋全放在纸箱里,4个4个地往地上拿,又是最后剩1个,又抓抓头,说一声:"咦!"

他决定再数一遍。他把鸡蛋全放在地上,6个6个地往纸箱里放,结果最后还是一样,他抓抓头,又说一声:"咦!"

好在鸡蛋的个数不多。他想再努力一下,7个7个地从纸箱往地上拿,数到最后,抓抓头,说:"终于刚好一个也不剩!……咦!"哎呀,但是又忘记拿过多少次了,真是数不清的鸡蛋呀!

问 题

好了,故事讲完了。同学们,你能算出他一共买了多少只鸡蛋吗?

答 案

这位先生一共买了217枚鸡蛋。

上课的人数

有一位教授在大学的一个大礼堂里讲课，讲课结束以后有人问他："这次听你讲课的有多少人呢？"教授说："在这些听课的人当中有一半是公务员，有1/4是技术人员，有1/7是工厂工人，还有3个是本校的学生。"

问 题

现在请你算算，听这个教授讲课的人数到底有多少？

答 案

在大礼堂里听课的人数是28人。其中公务员14人，技术人员7人，工厂工人4人。

65

农场中的动物

汤尼是个养殖专业户，前几天他花了10000元买了100头牲畜，在这些牲畜中1匹马的价格是1000元，1头猪的价格是300元，1只羊的价格是50元。

问 题

那么，你能算出汤尼买了多少头马、猪、羊吗？

答 案

汤尼买了5匹马、1头猪和94只羊。

童话故事书的价格

同学们喜不喜欢看童话书呢？是不是被故事里趣味横生的情节所吸引呢？那么，你有空可以去书店看看，因为那里精彩的书籍实在是太多了。它们可以满足你阅读的需要。下面，我们就来讲述一个有关学生买书的故事。

精装版童话故事书吸引了一起去新华书店买书的六个同学,他们每人都想买一本, 大家身上分别有18元、14元、16元、19元、31元和15元,每人的钱都不够买一本,可是其中有两个同学的钱合起来刚好可以购买一本,另外三个人的钱合起来恰好可以再买一本。

问　题

　　每本精装版童话故事书的价格是多少?

答　案

　　每本精装版童话故事书的价格是49元。

赚钱还是赔钱

同学们,你们喜欢逛百货商店吗?是不是非常喜欢那里种类繁多的商品? 现在,我们就来讲一个发生在百货商店里的故事。

一次,城南的百货商店新进了一批新款服装。由于这批服装款式新颖,质地柔软,所以很受顾客青睐。由于服装的销量剧增,所以,该商

店的经理决定提价10%。但是,过了一段时间,服装开始滞销,百货商店的经理决定打出降价10%的促销广告来吸引顾客。

于是,人们议论纷纷。有人说:这家百货公司是在瞎折腾,它们实际上还是回到了原来的价格;有的人说:百货公司自以为聪明,实际上是赔了钱的;还有人说:百货公司是靠出售物品来赚钱的,不会干赔本的买卖。

问 题

好了,同学们,你们来考虑一下,百货公司的这些服装的价格是提高了,还是下降了,或者还是原来的价格?

答 案

服装的价格实际上比原价降低了1%。

卖丝巾

同学们，你们平时有没有看到过妈妈围丝巾？丝巾长长柔柔地围在脖子上看起来很有风度，而且还可以保暖。你们有没有购买过丝巾呢？是不是觉得花花绿绿的丝巾样式繁多，很难挑选？

现在，我们就来讲述一个关于卖丝巾的故事。

好漂亮的丝巾

71

一次，一家小型饰品店在关门前要低价处理一批丝巾。因为一条丝巾以20元的价钱卖不出去，老板决定降价到8元一条，结果客人挑了半天，还是没人要。没有办法，老板只好再降价，降到3.2元一条，但是丝巾依然卖不出去。无可奈何，老板只好把价格再降到1.28元一条。老板心想，如果这次再卖不出去，就要按成本价出售了。

问　题

已知价格的变化是有规律的，那么丝巾的成本价是多少呢？

答　案

老板每次都是以相同的比率往下降，20/8=2.5，8/3.2=2.5，3.2/1.28=2.5，1.28/2.5=0.512。所以，丝巾的成本价是0.512元。

两个富翁

　　很久很久以前,有两个富翁,一个吝啬刁钻,一个头脑精明,但贪财好利是他们的共同特点。

　　一天,这两个富翁相遇,因为一件小事打起赌来。精明的富翁说:"我可以每天给你1万元,只收回你1分钱。"吝啬的富翁以为对方吹牛

皮,便说:"你若真的每天给我1万元,别说我给你1分,就是再给你1千我也干!"

"不!"精明的富翁说,"条件只是第一天,你给我1分。"

"难道你第二天还要给我1万?"

"是的,"精明的富翁说,"只是你第二天收了我的1万,要给我2分。第三天……"

没等精明的富翁说完,吝啬的富翁着急地问:"第三天你再给我1万,我给你……"

"4分!就是说,我每天得到的钱都是前一天的两倍。"小气的富翁心想:这家伙可能神经出了毛病,便问:"每天送我1万,依此类推,你的钱够送多少天呢?"

"我是人人都知道的百万富翁。"精明的富翁说,"我不打算都送给你,只拿出30万,先送你一个月足够了。可是你给我的钱也一分不能少!"

吝啬的富翁说:"你敢签订协议吗?"

"不签协议算什么打赌?"精明的富翁说,"咱们还要找几个公证人呢!"吝啬的富翁真是喜出望外。于是他们签了协议,找来了几个公证人。合同上写道:甲方每天给乙方1万元,乙方每天给甲方的钱数从1分开始,此后每天都是前一天的两倍。持续时间为30天。就这样,手续办好了。

吝啬的富翁回到家,高兴得一夜没合眼,生怕对方反悔。天刚亮,对方提着1万元送上门来,按约定,他给了对方1分钱。

第二天,对方仍然如约送来了1万元。他根本像做梦一般,这样下去一个月,便可以有30万元的收入了!想着,想着,数钱的手都抖了!于是自己也如约给了对方2分钱。

对方高高兴兴地拿走了2分钱,还吩咐:"别忘了,明天给我4分钱!"话休繁叙,当吝啬的富翁拿到10万元时,精明的富翁只得到10元2

角3分钱。但是,他仍坚持快快乐乐地每天如约送来1万块钱。可是,二十多天以后,吝啬的富翁突然要求打赌终止。

30天的时间已经过去大半了,对方以及所有证人都不会同意任何一方中止执行协议。到最后,吝啬的富翁竟把全部家当都赔光了。

问　题

　　同学们,你们想一想,这是为什么?

答　案

　　吝啬的富翁在一个月内总的收入为30万元。他需要付给对方的钱数是:

$$1+2+4+8+16+32+\cdots+536870912=1073741823（分）$$
$$=10737418.23(元)。$$

找零钱的故事

    同学们,你们有没有去商店买过东西呢?是不是有时候需要营业员阿姨找零钱呢?现在,我们就来讲一个关于买东西找零钱的故事。

    小华是一个非常聪明的孩子。一天,小华到商店买练习簿。每本3

角钱,共买9本,应该付款2元7角。

营业员说:"你有零钱吗?"

小华说:"我带的都是零钱,5角一张。"

营业员说:"真不凑巧,你没有2角一张的,我的零钱反正没有1角的,都是2角的。"

问　题

那么,同学们,请问机灵的小华有没有办法能把零钱找开呢?

答　案

只要由小华付出7张5角的,服务员找回4张2角的,就能解决找零钱的问题。

砝码碎片的问题

同学们,你们有没有见过秤?现在就讲述一个关于秤的有趣故事。

在法国有一位非常有名的数学家,名叫德·梅齐里亚克。他写了一部非常有名的书叫《数字组合游戏》,书中有这样一个问题:

一个富人有一个砝码重40磅。一天,富人不当心把砝码摔在地上,碎成四块。然后,他把这些碎块拾起来,擦干净,并且用另外的磅秤称了一下。他称得每一块的数量竟然都是整数。并且他注意到:如果用这四块来称物品,可以称量从1到40磅之间的所有磅数为整数的物品。

问 题

同学们,看了这个有趣的故事,你是不是也想探索一下其中的奥妙呢?你知道这四块砝码分别重多少磅吗?

答 案

富人摔碎的四块砝码的重量分别是1磅、3磅、9磅和27磅。

第三章　东西巧分配

1元钱哪去了

现在我们讲述一个关于宾馆房间付费的故事。

很久很久以前,有三位客人住进了一家宾馆。这三个人各住一间客房,每间客房的价格是10元钱。所以,他们三人一共付给宾馆老板30元。

后来,老板决定给他们打折,对这三间房只收25元,并准备把这多

出来的5元退还给三位客人。

　　他叫服务员把那5元钱退还给三位客人。可是这名服务员喜欢动歪脑筋,他偷偷地自己拿了2元钱,最后给三个客人每人退还了1元。

　　这样一来,就等于那三位客人每人各花费了9元钱,三人的住宿费总共为27元,另外,加上服务员私吞的2元钱现金,总共为29元。

　　但是,让人不好理解的是竟然少了1元。

问　题

　　那么,聪明的同学,你知道那1元钱到哪里去了吗?

答　案

　　其实顾客总共只花了27元,这27已经包括了服务员私吞的2元和老板实收的25元。在事件中,不存在少了1元的现象。

皇后的饰品

很久以前,有一位美丽的皇后,深受皇帝的宠爱,她得到了其他诸侯国使节赠送的许多珠宝。

有一天,皇后把几位美丽的公主叫到身边,想赏赐给公主们一些首饰。但是,为了考验女儿们是否聪明机智,便出了一道题,让公主们猜猜她有多少首饰。

皇后说:"我有一个金首饰箱和一个银首饰箱,箱子里分别装有不

同数量的首饰。假如我把金首饰箱中1/4的首饰赠给第一个算出这道题目的人；把银首饰箱中1/5的首饰赠给第二个算出这道题目的人；接着，我再从金首饰箱中取出5件，送给第三个算出这道题目的人；然后，我再从银首饰箱中取出4件，送给第四个算出这道题目的人。这样，我的金首饰箱中剩下的比分掉的多10件首饰；银首饰箱中剩下的与分掉的比例是2：1。我亲爱的女儿们，你们能够帮我计算出原来我的金首饰箱和银首饰箱中各有多少首饰吗？"

听完皇后的话，几位公主都正确地回答出了皇后的问题。皇后特别满意，就按照她所说的分给了公主们许多首饰。

问　题

好了，同学们，你们是不是也能算出皇后的金首饰箱和银首饰箱中原来各有多少件首饰呢？

答　案

皇后的金首饰箱中原来有首饰40件，银首饰箱中原来有首饰30件。

数硬币

　　从前,有一个叫杰克的小男孩,特别喜欢收集硬币,更把每天清点硬币作为消遣。

　　有一天, 杰克把他1分、2分、5分的硬币分别放在五个相同的小纸盒里。而且,每个小纸盒里所放的1分硬币、2分硬币和5分硬币的数量相当。

一有时间,杰克就把五个纸盒里的硬币都倒在书桌上,然后把它们分成四份,每份的同种面值的硬币数量都相等。然后,杰克又把其中的两份都混合起来,又把混合好的硬币分成三份,当然每份的同种面值的硬币数量也都相同。

问 题

好了,同学们,那么现在你能算出杰克至少分别拥有多少个1分、2分、5分硬币吗?

答 案

杰克拥有的硬币中,每种硬币至少各有60枚。

分樱桃

　　同学们,你们吃过樱桃吗？是不是特别喜欢酸酸甜甜的樱桃口味呢？我们现在就来讲述一个分樱桃的故事。

　　很久以前,有三个感情特别好的亲兄弟,他们在生活中互相帮助,和睦相处。老大叫阿明,老二叫阿亮,老三叫阿华。

　　一天,隔壁家樱桃树上的樱桃熟了,隔壁的大伯摘了许多樱桃。兄弟三人看着那么多水灵灵的樱桃,口水都要流下来了。

于是,隔壁的大伯就从树上摘了一堆樱桃分赠给三兄弟,这可把他们高兴坏了。我们知道,隔壁的大伯赠送给阿明、阿亮、阿华的樱桃数目正好分别是他们三个人三年前的岁数。

小弟弟阿华是个十分聪明的小朋友。他转了转眼珠,想了想,然后主动请求把樱桃让给阿明、阿亮两个哥哥。他对两个哥哥说:"一半你们拿去平分吧,我只留下一半樱桃自己吃。"

阿亮看到弟弟主动请求把樱桃让给两位哥哥,觉得特别不好意思,于是就对大哥和小弟说:"我也只留下一半樱桃自己吃,另一半让给哥哥和弟弟,你们拿去平分吧。"

阿明看到两个弟弟主动请求把自己的那份樱桃让出来,他也觉得非常不好意思,于是就对两个弟弟说:"我也只留下一半樱桃自己吃,另一半由两个弟弟拿去平分吧。"

就这样,三兄弟都按照自己的请求分配樱桃,结果,三个人都分到了8个樱桃。

问 题

好了,故事讲完了,亲爱的同学,你能计算出阿明、阿亮、阿华兄弟三人的年龄吗?试一试吧,你肯定能行的。

答 案

三兄弟之中:阿明现在是16岁,阿亮现在是10岁,小弟弟阿华现在是7岁。

摩托车和小汽车的数目

亲爱的同学,你知道小汽车有几个轮子吗?对,是四个轮子。你知道摩托车有几个轮子吗?对,是两个轮子。现在我们就来讲述一个关于小汽车和摩托车的故事。

莉莉是个十分机灵的女孩子,不仅机智过人,而且善于观察。

有一次,爸爸带莉莉外出旅游。他们来到一家工厂的车库。爸爸对莉莉说:"莉莉,小汽车有四个轮子,摩托车有两个轮子。你去看看车库

车库

里的小汽车和摩托车各有几辆？"

莉莉跑到车库里数了数，车库里总共停了10辆车(当然包括小汽车和摩托车)。而莉莉刚刚学会数数，她在车库里仔细地观察了一阵，然后得意地回来告诉爸爸说："爸爸，我数过了，这个车库里总共有28个轮子。"

爸爸听后立刻就算出了小汽车的数量和摩托车的数量。

问　题

亲爱的同学，你能算出摩托车和小汽车分别有多少辆吗？

答　案

在这一家工厂的车库里，小汽车的数量是4辆,摩托车的数量是6辆。

分酒

从前,有个酒鬼,每天都喝得醉醺醺的。可是,他非常乐于助人,大大咧咧的,倒也招人喜欢。

有一天,这个酒鬼晚上出去打了10斤酒,他想带回家去美美地享受一顿。在回家的路上,他碰到了一个老朋友,恰好这个朋友也是去打酒的。

可惜，当时酒家已经没有剩余的酒了，并且，这个时候天色已晚，别的酒家也都关门了。酒鬼便决定将自己的酒分给朋友一半，可是朋友手中只有两个分别为7斤和3斤容量的酒桶，两人又都没有带秤。

问　题

怎么才能将酒平均分开呢?

答　案

第一步，先将10斤酒倒满7斤的桶，再将7斤桶里的酒倒满3斤桶；第二步，将3斤桶里的酒全部倒入10斤桶，此时10斤桶里共有6斤酒，而7斤桶里还剩4斤；第三步，将7斤桶里的酒倒满3斤桶，再将3斤桶里的酒全部倒入10斤桶里，此时10斤桶里有9斤酒，7斤桶里只剩1斤；第四步，将7斤桶里剩的酒倒入3斤桶，再将10斤桶里的酒倒满7斤桶；此时3斤桶里有1斤酒，10斤桶里还剩2斤，7斤桶是满的；第五步，将7斤桶里的酒倒满3斤桶，即倒入2斤，此时7斤桶里就剩下了5斤，再将3斤桶里的酒全部倒入10斤桶，这样就将酒平均分开了。

奇怪的比例

　　许多年前,有一群年轻人,他们活泼好动,常常在一起嬉闹,无忧无虑地玩耍。

　　一天,他们准备出去宿营,大家都非常高兴。

　　这次出去宿营的,一共有30个男孩和30个女孩,他们准备男女分乘两辆车出发。

　　可是,有10个男孩乘司机不留神,偷偷地从他们的汽车上下来,跑到了女孩们乘坐的那辆汽车上。这使得女孩们那辆汽车的司机特别恼

火,他吼道:"胡闹!请同学们不要这样开玩笑,超载是违反公共交通法规的,我这辆车只能坐30个人,所以,你们必须下去10个,赶快!"

后来,下去了10个人上了原来男孩乘坐的汽车,坐在了空余的座位上。不一会儿,两辆汽车各自满载着30名乘客向宿营地出发了。

巧合的是:教师发现这两辆汽车所载乘客的男女比例是一样的。

咦,这是怎么回事呢,同学们?

问 题

好了,给你一小会儿时间来考虑一下这是怎么回事,你知道吗?

答 案

男女人数既定,无论怎样调换座位,男女比例都一样。

轮班上班

　　同学们,你们有没有乘车穿越过隧道？你们是否知道一条普通的隧道,凝结了多少工人叔叔辛勤的劳动和惊人的智慧？

　　现在,我们就来讲述一个在建造隧道时,工人叔叔遇到的问题。

　　一次,工人们在某市的一个地下隧道施工现场进行作业。他们一共有60名工作人员轮流施工。

施工现场位于地下,那里漆黑一片,只能靠灯具进行照明。所以,工人们在现场施工的时候根本就没有办法辨别白天和黑夜。

更加让人烦恼的是:因为这个施工现场有磁场,任何钟表在这里都会失灵。

按照有关规定,每过一个小时,这60个工人中的10个工人必须到地面上休息。在这种既不知道时间,又和外界没有任何联系的情况下,这60个工人居然做到了准时轮班,并且时间分秒不差。

问　题

那么,亲爱的同学,你知道他们是如何做到"准时轮班,并且时间分秒不差"的吗?

答　案

他们的做法是:第一批10个人先到地面休息,一小时后到地下的施工现场与下一批人交班,就可以了。

手脑的配合

同学们,你们知道吗,人类的进步与聪明的大脑和灵活的双手是分不开的。拥有灵活的双手,人类才能创造出各种各样新型的工具。

现在,我们就来讲一个关于手指的故事。

一天下课后,小李和小红在一起兴奋地玩着一种伸手指说数的游戏。

游戏规则是这样的:两人各自伸出一只手,五个指头随意出几个

指头都行。一边出示手指,一边说数,假如谁说的数正好与两个人伸出的指头数的和相等,谁就算赢。有人认为,赢都是靠运气,完全没有规律,双方赢的机会相同。

问　题

同学们,你们能够解释为何有的同学总是赢,而有的却总是输吗?

答　案

其实,仔细分析,你就会计算出输赢概率的高低。

输赢的概率是这样计算的:指头数和为0、10的情况各一种;和为1、9的各两种;和为2、8的各3种;和为3、7的各4种;和为4、6的各5种,和为5的共6种。可见,和为5的组合最多,也就是说,说5赢的机会相对较多。

做零活的和尚

同学们，你们去过寺庙吗？你们见到过方丈和僧人吗？我们现在就来讲述一个寺庙里的小故事。

在一座名山上有一座庞大的庙宇，庙宇中住着99名僧人。在这99名僧人之中，有8个人是长老，他们只管诵经念佛，从来不参加劳动。在另外的91名僧人之中，有77人要做寺庙里的杂活，有77人要生产种地。

问　题

那么，亲爱的同学，你能算出在这个寺庙中，有多少僧人既要做寺庙的杂活，又要种地生产吗？

答　案

在这个寺庙中，既要做寺庙的杂活，又要种地生产的僧人有63个。

98

分核桃

一天,乡下的阿姨给明明带来了一堆核桃,明明看着这些核桃,垂涎欲滴。他马上伸手去拿核桃,准备剥开来吃。突然,阿姨一把把小明的手抓住了。阿姨握着小明的手,笑了笑说:"小明,我来讲个故事,如果你答对了,这堆核桃就归你,但是你要是回答不出,那么,你只能吃一半的核桃——来作为对你的惩罚。"

小明十分自信地看着阿姨,说:"阿姨,你要问什么题目呀,让我试试看吧。"

阿姨指了指这堆核桃说:"我这里有一堆核桃,假如3个3个的数,会剩下2个;假如5个5个的数,会剩下4个;如果4个4个的数,会剩下3个;如果2个2个的数,会剩下1个。那么,这堆核桃至少有多少个呢?"

小明拿出纸笔,没过多长时间就算出了核桃的个数。最后,不仅得到了整堆的核桃,还受到了家长的赞扬。

问　题

那么,聪明的同学,你能说出这堆核桃最少有多少个吗?

答　案

这堆核桃至少有119个。

数学天才分牛奶

同学们,你们爱喝牛奶吗?关于牛奶,这里有一道数学题,很有趣。现在就让我们来看一下吧。

在18世纪的法国,有一位特别有名的数学家名叫巴逊。传说巴逊原本打算按照他父亲的要求,当一名普通的医生,可是后来经历了一件事,巴逊决定不做医生而改做数学研究了。

有一天,巴逊和他的好友结伴到乡下去游玩。在去乡下的途中,遇到两个到客栈买牛奶的人。主人热情地招待他们,并且从地窖里拿出8千克的鲜奶。买牛奶的客人要求两个人每人买4千克牛奶。可是主人没带磅秤,仅有两个瓦罐:这两个瓦罐一个可以盛5千克的牛奶;另一个可以盛3千克的牛奶。怎样才能精确地把牛奶分成相等的两份呢?

正当他一筹莫展的时候,聪明的巴

逊考虑了一下,便十分精确地计算出了这个题目,解决了这个棘手的问题。酒店老板连连夸赞巴逊是个学数学的好苗子,说他极具数学天分,并鼓励他潜心攻读数学。在大家的支持和鼓励下,巴逊刻苦学习数学,长大后果然成为一名了不起的数学家。

问 题

同学们,你们是否想知道小巴逊是怎么解决这道数学题的?是不是对这道数学题也跃跃欲试呢?那么,你也来亲自动手计算一下吧。

答 案

小巴逊是按照以下步骤解决这道数学题的:

容器 次数	8千克	5千克	3千克
第一次	3	5	0
第二次	3	2	3
第三次	6	2	0
第四次	6	0	2
第五次	1	5	2
第六次	1	4	3
第七次	4	4	0

第四章　古人的智慧

皇冠的黄金精度

同学们，你们听说过皇冠吗？用黄金制作的皇冠，代表着皇帝的权力和地位。现在，我们就来讲一个关于皇冠的故事。

在古代，有一位十分有名的科学家，他叫阿几米德。他也是一位非常伟大的数学家，他发现了许多数学定律，颇得皇帝的赏识。

一天，锡拉库兹国的国王想为自己制作一个皇冠，国王给那些能工巧匠们送去了许多铸造用的黄金和白银。在铸造皇冠的任务完成后，经检验：皇冠的重量恰恰等于皇帝分发给铸造工匠的黄金、白银的

报……

总和。

正当国王高兴地要将皇冠戴在头上的时候,忽然,有一个大臣前来报告,说铸造皇冠的工匠,将一小部分黄金用白银换走了。这使得国王十分恼怒,他大发雷霆,决定处死工匠们。

接着,国王召来了阿几米德,命令他计算出这个皇冠中含有多少分量的黄金和多少分量的白银。阿几米德知道,纯的黄金在水中失重1/20,而纯的白银在水中失重1/10,经过推算,阿几米德计算出了皇冠里黄金和白银的含量。

亲爱的同学们,如果我们假设皇冠是纯的黄金、白银铸造的,而且是实心的,没有任何空隙。请你考虑一下:假如分发给铸造工匠的黄金是8千克,白银是2千克,阿几米德将皇冠放到水中称出的分量不足10千克而是9.25千克。

问 题
　　你能不能计算出铸造工匠总共偷换了多少分量的黄金。

答 案
　　皇冠的含量不是2千克白银和8千克黄金,而是白银黄金均为5千克,铸造工匠足足偷换了3千克黄金。

珠宝的数量

珠宝象征着财富。现在,我们就来看一道关于珠宝的数学题。

很久以前,有一个这样的传说:一个非常富有的大财主生了五个儿子,他们整天不务正业,游手好闲,在财主死后,很快地把家产挥霍一空。兄弟五人打听到东海龙宫里堆满了珠宝,于是他们商量冒死去偷窃东海龙宫的昂贵珠宝。

这天,兄弟五人在海边观察形势。忽然间吹起了狂风,风大得让他们无法招架。迫不得已,他们只能躲进一个大树洞里避风。不料,这个空心树洞竟然是一个无底洞。五个人在树洞里不断往下掉,直到坠到洞底,方才两脚着地。他们仔细打量着洞底,一看,你猜怎么着?他们竟然掉进了他们苦苦寻觅的龙宫。五兄弟欢呼雀跃起来,欣喜之情溢于言表。他们马上行动,准备把那里的珠宝找到后立即偷走。

他们四处搜寻,在龙宫里转来转去。突然,他们发现在一棵硕大的珊瑚树下,有一堆美丽炫目的东西。老大吃了一惊,大声喊道:"珠宝,这儿有珠宝,赶快过来,快些把珠宝运走。"

他边说边迅速地解开包囊,把珠宝往包里放。其余四个兄弟也快步地围了上去,迅速地装起珠宝。奸诈的老大很快就装好了珠宝,他命令兄弟五人返回。而拙笨的老五才装了一点儿,他觉得还不够,还要一直装。

就在这个时候,龙宫卫士的一声厉吼击碎了他们装珠宝的好兴致:"别动,你们是干什么的?"

兄弟五人吓了一跳,浑身发抖。他们被龙宫卫士抓进了牢房。

到了深夜,五个人都难以入睡。老大心想:龙宫有命令,谁偷珠宝最多,明天就要被杀头;其他四个只要挨板子赶出龙宫,不用杀头。于是,老大等其他兄弟四人都睡着了,就偷偷地起身,把自己偷到的各种珠宝往这四个人口袋里都塞进一些,刚好他塞进去的数量等于另四人原有珠宝的数量。

过了一会儿,老二醒过来了,他摸摸自己的行囊,忽然发现自己的珠宝变多了,他就偷偷地起身,把自己偷到的各种珠宝往另四个人口袋里都塞进一些,恰好他塞进去的个数等于这四个人原有珠宝的

数量。

老三、老四、老五相继醒来,都这样做了。

第二天一大清早,龙宫卫士走进监狱来搜查珠宝数量后,竟然惊讶地发现——五个人的珠宝数量是相同的,都是32颗。

问　题

聪明的同学,你能不能算出这五个人原来每人各偷了多少珠宝?

答　案

老大偷窃了81件珠宝,老二偷窃了41件珠宝,老三偷窃了21件珠宝,老四偷窃了11件珠宝,老五偷窃了6件珠宝。

旅行家的故事

同学们,你们喜欢旅游吗?现在我们就来讲一个关于旅游的故事。

有一位英国的著名旅行家,到达了当时还被称为"荒蛮之地"的美国西部。到达那里后他觉得非常劳累,于是,就在当地的一个小旅馆暂时住了下来。

这天,旅行家离开旅馆,到一个叫派克镇的地方去旅游。为了能够准确找到派克镇,他向几位当地人打听从旅馆到派克镇的路怎么走。

当地人很热情地回答了他的问题,他们说:"朋友,如果你要从这里出发到派克镇去的话,只有一条路可以走。沿着这条路走的话,你既可以坐公共马车,也可以步行,当然也可以将两种交通方法结合起来。所以,假如你要到派克镇的话,可以挑选以下四种不同的交通方案。

"第一个方案:你可以全程乘坐公共马车。可是,假如全程乘坐公共马车的话,马车将要在一个小店停留30分钟。

"第二个方案:你可以全程步行。假如你在公共马车驶离小旅馆的同时开始出发步行,那么当公共马车到达派克镇的时候,你还剩1千米的路程要走。

"第三个方案:你可以步行离开旅馆,接着步行走到那个公共马车停留的小店,然后再坐公共马车。如果你和公共马车同时离开旅馆,那么当你步行了4千米的路程时,公共马车已经到达了那个公共马车停留的小店。但是因为公共马车要停留30分钟,所以当公共马车即将离开小店向派克镇驶去的时候,你恰好赶上这一班公共马车。这样,你就可以乘坐公共马车赶去派克镇了。

"第四个方案:你可以首先乘坐公共马车离开旅馆,接着乘坐公共马车来到那个小店,最后再步行,走完剩余的路程。

"当然值得一提的是,第四种方案是最快的方法,假如按照第四种方案做的话,你可以比公共马车提前15分钟到达派克镇。"

这位旅行家听完了当地人的讲述,沉思了片刻,很快就计算出了从旅店到派克镇的路程长度。

问　题

好了,故事讲完了。同学们,你们能不能像这位旅行家一样,计算出从旅店到派克镇的路程长度呢?

答　案

从旅店到派克镇的路程长度为9千米,即$2 \times 4 + 1 = 9$。

神童买鸡

在我国古代南北朝时期有一个神童,精于算术。他可以解决很多数学难题,远近的人都喜欢找他解决算术难题。

神童的名气越来越大,传到了当朝一个大官的耳朵里,大官想考一考这个神童,并决定如果神童通过了考验,就收他做义子。

有一天,大官传话让神童的父亲去见他,并给了他100文钱,让他第二天买100只鸡来,并规定这100只鸡中要有公鸡、母鸡和小鸡,不准多,也不准少,一定要刚好是100只,如果办不成这件事,就要惩罚神童的父亲。

按照当时市场的价格,买一只公鸡5文钱,买一只母鸡3文钱,买3只小鸡1文钱。

神童很快解决了这个问题,他让父亲买了4只公鸡、18只母鸡和78只小鸡,给大官送去。大官看到问题这么容易被神童解决了,觉得应该再给他出个更难的题。

大官又给了神童父亲100文钱,还是让他买100只鸡,不过规定公鸡不能是4只。

第二天,神童的父亲又送来了100只鸡,其中有8只公鸡、11只母鸡和81只小鸡。

接下来,大官又改了要求,还是100文钱,让神童的父亲再买100只鸡来,要求这次各种鸡的数量和过去两次都不能相同。于是,神童的父亲又送来了公鸡12只、母鸡4只、小鸡84只。

大官觉得神童确实聪明,正式收他为义子,决定好好栽培他。

问　题

　　神童到底用了什么样的方法,将问题解决得这么好呢?

答　案

　　其实,这题中有规律可循:4只公鸡的价格是20文钱,3只小鸡的价格是1文钱,合起来是21文,7只母鸡的价格也是21文,如果少买7只母鸡,就可以多买4只公鸡和3只小鸡。这就是决定此问题的关键点。只要掌握了这个规律,题目很容易就解决了。

怎样卖相机

小东的哥哥开了一个相机专卖店,小东在哥哥的店里帮忙。哥哥告诉小东,其中一种照相机卖310元,为了方便顾客,哥哥让他把机身和机套分开卖,并且告诉他,机身比机套贵300元。一次哥哥出门,正好有一位顾客单买一个机套,小东就跟这位顾客要价10元,可顾客嫌他卖贵了。小东想着哥哥的交代,觉得自己卖得一点也不贵。但是顾客说自己前两天才在这家店里买了一个一模一样的相机套,只花了5元。正在这时,哥哥回来了。他和客人道歉,说机套确实卖贵了。

问　题

可是,小东怎么也想不明白,自己明明是按照吩咐卖的,到底是哪里卖贵了呢?

答　案

小东的确是卖贵了,他把机身卖300元,机套卖10元就错了,300-10=290,而正确答案是机套卖5元,机身卖305元。

113

老板的损失

顾客拿着百元大钞去超市买价值30元的商品，由于老板没有零钱，只能找朋友去换，换完以后，找了顾客70元零钱。顾客走了，但老板的朋友却来了，说他刚才的百元钞票是假的，经过证实，确实是假的。老板只好又给了朋友100元真钞。

问 题

在整个过程中，老板一共损失了多少钱?

答 案

损失了100元。老板跟朋友之间的交易没有任何损失，是朋友之前给他100元零钱的等价物。老板真正的损失是在和顾客交易的时候，他损失了30元商品和70元货币。

祖孙三人的年龄

很久以前,有一户人家,他们住在乡村,过着无忧无虑的生活。

他们是三世同堂,且祖孙三人正好同一天生日,这使得每年的生日都很特别。这一年三人的生日那一天,来了许多客人,人们纷纷送来糕点和寿礼。朋友们聚在一起一算,说这一天祖孙三人的年龄加起来

正好100周岁。又知道祖父的岁数正好等于孙子的月龄数,父亲过的星期数恰好等于他儿子过的天数。

听了这话,来宾们立刻算出了祖孙三人各自的年龄。

问　题

同学们,你们能算出祖孙三人的年龄各是多少吗?相信你很快就会找到答案的,开动脑筋想一想吧。

答　案

祖父的年龄是60岁,父亲的年龄是35岁,孙子的年龄是5岁。

敲钟的和尚

俗话说：做一天和尚撞一天钟。同学们，你们有没有去过寺庙？有没有看到过和尚敲钟呢？我们现在就来讲述一个和尚敲钟的问题。

在一个寺院里，和尚每天都要敲钟，第一个和尚用10秒击打了10下钟，第二个和尚用20秒击打了20下钟，第三个和尚用5秒击打了5下钟。这些和尚各人所用的时间是这样计算的：从敲第一下开始到敲最后一下结束。

问　题

这些和尚的敲钟速度是否相同？假如不同，一次敲50下的话，他们谁先敲完。

答　案

第二个和尚敲钟的速度是最快的，他最先敲完50下。

笔直的塔楼

同学们,你们看到过塔楼吗?你们有没有猜想过塔楼的高度呢?
我们现在就来谈一谈塔楼高度的问题。

很久以前,在一个国家的宫殿里,有一座很高的塔楼。那个时候,
人们的测量技术还没有现在这么发达。这么高的建筑,在当时人看来,
想要测量,那是非常困难的一件事情。

有一天,这个国家的国王突发奇想,他想要得到王宫里的这座塔
楼的准确高度。国王思索了很久,都没有想出测量办法。于是,国王发
榜诏告天下,急寻一位能够测量出塔楼高度的能人。

诸多能人纷纷涌进皇宫参见国王。他们献给国王的有关测量塔
楼高度的计策也是各
式各样。

有的说:必须先去
测量墙砖的厚度。接
着,数一下这座塔楼在
垂直方向上一共用了
多少块砖,就能够用乘
法算出塔楼的高度是
多少。

还有人说:可以事
先做一根长尺,派一名

身手敏捷的壮士爬上楼顶,将长尺径直从塔楼顶上垂下来。

其他很多人也都说出了自己的想法。

国王先是很高兴地点头,然后又很失望地摇头。国王想:我先不管这些方法能不能准确地测量出塔楼的高度,首先这些方法都是极其繁琐的,不知道要动用多少人力物力。为此国王真是伤透了脑筋。

有一天晚上, 又有两个小伙子只带着一把平常的尺子来面见国王。他们毛遂自荐,兴致勃勃地告诉国王,他们两个能够很快地测量出塔楼的确切高度。

国王听了这两个小伙子的话,特别兴奋,立即召集文武百官第二天早晨到现场观看。

第二天早晨,文武百官都聚集在宫殿外。朝阳把人们的影子投射得又细又长。

而此时,两个小伙子也只是站在塔楼前的空地上等着。令人惊奇的是:没过多久,两个小伙子就向人们宣布了塔楼的确切高度。

问 题

好了,故事讲完了,机灵的同学,你知道他们是怎么来测量塔楼的高度的吗?

答 案

机灵的年轻人是利用了地上的影子长度来测量出这座塔楼的高度的。当他的朋友的影子长度和他的身高相等时,年轻人就赶紧在塔楼的影子上做好记号, 然后测量出影子的长度,这样就得到塔楼的高度了。

福尔摩斯的逻辑运算

　　同学们,你们听说过福尔摩斯吗？是不是为他神奇的探案能力倾倒？我们现在就来讲述一个福尔摩斯生活中的小故事。

　　福尔摩斯是一位杰出的侦探,他的侦探故事是家喻户晓的,他的破案神速和办案的精确程度也是人尽皆知的。

有一天,福尔摩斯和他的同伴华生大夫在华生家中闲聊,当他们聊得非常投入的时候,福尔摩斯透过一扇窗户听到一大群孩子的嬉戏声。

看着窗外可爱的小孩,福尔摩斯对华生大夫说:"亲爱的华生,能不能告诉我你一共有几个孩子?"

华生大夫回答:"这些小孩不全都是我的,他们是四户人家的孩子。我的孩子是最多的,我弟弟的孩子其次,我妹妹的孩子再次,我叔叔的孩子最少。他们乱哄哄地嚷成一团,就是因为他们不愿按每队七人凑成两队。巧合的是,要是把我们这四户人家的孩子的人数相乘,得到的积数正好是我们的门牌号码120。"

福尔摩斯说:"我可以来试一下,把你们四家的孩子个数都想出来。但是我必须知道一个数据:你能不能告诉我,你叔叔的孩子的个数是一个,还是不止一个?"

华生大夫立刻回答不止一个。

福尔摩斯听了华生大夫的讲述,马上准确地计算出了这个题目,而且答案和事实相符。

问　题

同学们,你们看了这个故事后有什么感想呢?是不是也非常想试试解答一下呢?

答　案

华生大夫有5个孩子,他的弟弟有4个孩子,他的妹妹有3个孩子,他的叔叔有2个孩子。

王子求婚

同学们,你们有没有听说过王子和公主的故事?童话故事都很美好。今天,我们也来讲一个王子和公主的故事。

很久以前,一位英俊潇洒的王子看中了一位非常美丽的公主。经过一定时间的交往后,王子打定主意,决定正式向漂亮的公主求婚。

在两方双亲都同意的情况下,公主接受了王子的求婚。但是,为了考验王子是否拥有聪明才智,公主决定用一个很有趣的题目来考验一

下王子。

公主让随从拿进来两个铜盆,一个铜盆内装有10个小红球,另一个铜盆内装有10个小白球。接着,公主叫人把王子的双眼用黑布蒙上,并且把两个铜盆的位置随意调换,请王子随意选择一个铜盆,从铜盆里挑出一个球。公主规定:假如王子选中的球是红球,公主就决定嫁给他。相反,如果王子选中的球是白球,那么他们就没有机会在一起了。

王子听了公主的安排,觉得有些荒诞。可是,他还是对自己的聪明有信心。他说:"那么,公主殿下,你能不能在蒙上我的眼睛之前,让我任意调换铜盆里的球的组合呢?"对于王子的请求,公主点头表示赞同。

问 题

那么,请问同学们,王子应该如何调换铜盆里的球的组合,才能使成功的几率最大呢?

答 案

聪明的王子把一枚红球放在一个铜盆里,把另外9个红球和10个白球放在另一个铜盆里,这样王子在两个铜盆中抓到红球的概率分别是100%和9/19。这样,他抓到红球的概率就最大了。

123

相遇的日子

从前，一户农家养了三个女孩。这三个女孩个个都长得特别美丽，而且也非常孝顺，每天要帮助父母做全部的家务。

光阴似箭，日月如梭，转眼这三个女孩都到了该出嫁的年龄了。没有多久，漂亮的三姐妹都找到了她们心中的白马王子，陆续出嫁了。

大女儿嫁得最远，五天回娘家一次；二女儿的家其次远，四天回娘家一次；三女儿的家最近，三天回娘家一次。

问　题

那么，同学们，你能计算出三姐妹相会一次之后相隔多少天才能再次相会吗？

答　案

三姐妹相隔60天才能再次相会。

第五章 学数学，巧破案

凶案发生的准确时间

　　同学们,你们平时是否喜欢看侦探故事?是不是被故事中跌宕起伏的情节深深吸引?好的,我们现在就来讲一个关于侦探的故事。

　　在一个宁静的晚上,从一家居民的卧室里传出一阵刺耳的惨叫声。当时邻居听到后并没有特别留意。可是第二天早上,人们却发现原来昨天晚上的惨叫声是受害者临死时的叫声。

这天，为了调查案件，当地的侦探把居民们都集合在一起，然后向邻居了解案发当天凶案发生的准确时间。

一位老大妈说她听见受害人临死惨叫的时间是23点8分；另一个女孩说她听见受害人最后惨叫的时间是22点40分；楼下的烟酒店小老板说他特别清楚地记得听见受害人最后惨叫的时间是23点15分；最后一位老大爷说她听见受害人临死惨叫的时间是22点53分。

可惜的是这四个邻居的手表都不精准，在这些手表中，其中一个慢12分钟，另一个快3分钟，还有一个快10分钟，最后一个慢25分钟。

问　题

好了，故事讲完了。你可以根据上述的数据，用数学原理来判断凶手的作案时间吗？

答　案

凶手的作案时间为23点5分。

127

伪善的慈善家

　　在很久以前,有一位很富有的商人。他平时乐善好施,所以别人经常称他为慈善家。

　　终于有一天,这位慈善家露出了马脚。

　　这天,这位慈善家在一家饭馆吃饭。在朋友们聊得很高兴的时候,他很得意地说:"在这个星期我把50枚银币分别给了10个可怜的人。我

不是平分给他们的,而是根据他们各自的贫困状况给的。并且,他们10个人每个人得到的银元的数目都不相同。"

听到这里,一位睿智的年轻人实在忍不住了。他站起身,对着慈善家大声说:"你是个虚伪的慈善家,因为你说的都是谎话。"

被这位青年揭穿底细后,那位慈善家惭愧得无地自容。于是,他悄悄地独自离开了饭馆。

问 题

同学们,你们知道这位睿智的年轻人是根据什么判断慈善家说的是谎话的吗?开动脑筋想一想,你就会知道了。

答 案

因为如果让这10个人都得到枚数不等的银币, 至少要 $1+2+3+\cdots+10=55$(枚)银币。

怪异的保密密码

同学们,你们知道什么是保密密码吗?我们现在来讲述一个有关保密密码的问题。

在很久很久以前,有一位叫尼古拉斯耶夫的五星上将,特别擅长数学解题。他经常炫耀自己的保密密码,每当和别人谈起他的保密密码,他总是特别得意。

他告诉别人："我是用这样的方法来记住自己的保密号码的。拿一个五边形图案,沿着每条边标注0到9这10个数字。让这10个数字不重复地分别使用一次,其中5个数字放在5个角上,剩余的5个数字放在五边形的每条边的中点上。"

有人问他:"你的算术题假如这样安排的话,好像算不出来吧,它的组合实在太多了。"

尼古拉斯耶夫神秘地说:"在这次计算中有一个诀窍,五边形的每条边连接的两点上的数字与该边中点上的数字和都相等。"

有人追问道:"你这道数学题计算起来,实在是太简单了。"

尼古拉斯耶夫得意地说:"5个角上的数字:要么统统是奇数,要么统统是偶数,当然偶数也包括0,这样的话最少有两种可能。不,确切地说一共有四种可能。我把这10个数字不重复地放在五角形的五个边和角上。接着按照以下的方法填写:我可以按顺时针方向填,也可以按逆时针方向填。"五边形的角上的数字可以是奇数也可以是偶数——当然包括0。最后在这四个可能中,最大的那个数字就是我的保密的密码。

问　题

同学们,现在你能计算出这个保密号码到底是多少吗?

答　案

尼古拉斯耶夫的保密号码为9418325670。

赛跑的结果

　　吉米和杰克是一对关系要好的朋友,他们经常在一起玩耍、学习、工作……

　　一次吉米对杰克说:"我们来进行一次长途赛跑怎么样?"杰克马上就应允了。可是吉米以前是学校的体育运动员,受过正规训练。尽管杰克的跑步速度也不错,但是,怎么能够和吉米的身手相提并论?

于是，两人进行了一次1000米赛跑。等吉米跑到终点时，杰克才跑了990米，这使杰克非常懊恼，他吵着嚷着，要求吉米再和他比赛一次。

吉米笑着答应了，然后他说："我是受过专业训练的，不像你是业余的。这样吧，我后退10米，然后，我们同时开跑，这样，比较公平一点。假如这次谁领先谁就算赢。"杰克一口答应了。

问　题

亲爱的同学，你试想一下，假如吉米和杰克的速度不变，那么，这次比赛谁将获胜？

答　案

这次比赛还是吉米获胜。

跳跃比赛的结果

很久以前,在一片田野中,有一条废弃的铁道。这条废弃的铁道从起点到终点一共有100根枕木。

小聪和小明是住在这根废弃的铁道沿线的村落的居民。他们常常到这里来玩耍,玩一种叫蹦蹦跳的游戏。

一次,他们又在玩蹦蹦跳游戏。比赛规定:从起点跳到终点,再返回。谁先回到原处,谁就是游戏的胜利者。

小聪个子高大,从第一根枕木起跳,能够跳过二根,落在第四根枕木上;而小明个子矮小,从第一根枕木起跳,只能跳过一根,落在第三根枕木上。不过小明身体轻盈灵活,小聪每跳两跳,小明可以跳三跳。

问　题

　　同学们,在这场比赛中到底谁能获胜呢?

答　案

　　在这场比赛中,应该是小聪获胜。

扑克牌的花色

一次，王老板和他生意上的朋友顾老板一起打扑克牌。王老板手上拿到了13张牌，黑桃、红桃、梅花、方块四种图案都至少有一张，并且每种图案的张数都不一样。黑桃跟红桃的张数一共是6张，黑桃跟方块的张数一共是5张。王老板的手中有一种花色的扑克牌是2张。

问　题

请问：有2张牌的花色是什么？

答　案

有2张牌的花色是红桃。

谁是小偷

小王、小孙、小明是三个好朋友，他们常常在一起玩耍。

一天，三人玩警察捉小偷的游戏。但是他们没有一个人愿意当小偷，他们只愿意当警察，这可怎么办呢？他们商议了一下，最后决定通过抽签来确定谁当小偷，没有抽到的就做警察。但是，他们三个都认为：第一个抽签的人抽到"小偷"这个角色的可能性最大。所以，三个人没有一个愿意第一个抽签。

137

于是三人又争了起来。这时候教数学的张老师正好路过。于是，他们迎上去求教于张老师。可是，张老师的判断却使他们三人大吃一惊。

问　题

亲爱的同学，开动脑筋想一想，你将怎么计算三个人抽签的几率呢？

答　案

三个人抽签的几率是一样的，也就是说先抽或者后抽是一样的。

不同的推理

从前,有一对孪生兄弟名叫贝贝和宝宝。宝宝有一个玻璃球,贝贝有两个玻璃球。一次他们在家门口玩耍,向一根立柱弹球,谁的玻璃球最接近立柱谁就胜出。

假设这对孪生兄弟弹球的技艺完全一样,测量也完全精确,绝对不会引起纠纷。那么,贝贝赢球的几率是多少?

现在有两个观点,但是只有一个是正确的。聪明的同学,你知道哪个是正确的,哪个是错误的吗?

观点一:贝贝有两个玻璃球,但宝宝只有一个玻璃球,所以,贝贝赢球的几率是2/3。

观点二:分别把贝贝的玻璃球叫做A和B,把宝宝的玻璃球叫做C,所以,势必会出现以下四种可能。

第一,A球和B球都比C球更加接近立柱。

第二,仅仅是A球比C球更加接近立柱。

第三,仅仅是B球比C球更加接近立柱。

第四,C球比A球和B球都更加接近立柱。

在这四种情形中,三种都是贝贝赢,所以贝贝赢球的几率应该是3/4。

问　题

好了,故事讲完了,现在请同学们推断一下,以上两种推断哪个是正确的呢?

答　案

按照概率的原理:贝贝的概率为2/3,所以第一种推断是正确的。

升职的名单

　　从前,在一个部队里有一个勤务兵,他活泼好动,很会动脑筋。

　　有一次,他在给上级倒茶端水的时候,悄悄听到一个消息:部队的将军马上准备从36个成绩突出的排长中,提升6个人为连长,可是,将军很难从这36个排长中分辨他们的优劣。于是,将军想出了一个办法:他让36个排长围成一个圈,然后,让他们从第一个人起报数,从1数到

10。每一回的第10个人就是将来的连长。

听到这个消息,勤务兵高兴极了,他又开始开动脑筋。他想:"我正好有六个好朋友在名单之中,我肯定要想办法帮他们升职。"

问　题

好了,听完这个故事,你是不是也跃跃欲试地想来解答这个问题了呢?发动你的聪明智慧,想一想,假如你是这个勤务兵,你应该怎么安排这六人的排列位置呢?

答　案

这个勤务兵为了让他的六个好朋友能够升职,应该让他们分别站立在4、10、15、20、26、30的位置。

投掷硬币的故事

　　小亮和小明是一对好朋友,他们总是形影不离,在一起做各种朋友们喜欢玩的游戏。

　　有一次,他们在玩投掷硬币游戏的时候,遇到了问题。

　　小明说:"我们在投掷一枚硬币的时候它正面朝上或者反面朝上的几率都是50%。那么投掷两枚硬币的时候它全部正面朝上或者全部

反面朝上的概率也是50%——因为,每一个硬币的正面朝上或者反面朝上的概率是50%。那么投掷第三枚硬币的时候它全部正面朝上或者全部反面朝上的概率也是50%——因为,三枚硬币中至少有两枚硬币朝上的面是一样的,而另外硬币的正面朝上或者反面朝上的几率也是50%。"

问　题

同学们,小明的判断是正确的吗? 为什么?

答　案

在这个有关投掷硬币的游戏中,小明的说法是错误的,投掷两枚硬币同面朝上的概率只有25%。

生日的推理

从前,有两个小朋友名叫聪聪和明明。有一年春节,聪聪和明明都得到了大人给的大把大把的糖果。

正当他们剥开糖果吃得非常开心的时候,聪聪突然想出了一个问题。他想考考明明的数学能力,于是告诉明明:"假如明明把聪聪的问题答对了,聪聪就把口袋里的糖果都送给明明;反之,明明必须把自己口袋里的糖果都送给聪聪。"明明爽快地答应了。

聪聪说:"我的生日月份和日子都是个位数,把它们连着读成一个

十位数的时候,这个十位数的四次方是个六位数,三次方是个四位数,并且,这个四位数和六位数的各个数字正好是0至9这十个数字,并且没有重复。请问我的生日是哪一天?"

明明听完,马上开动脑筋计算起来,很快说出了正确答案。因而,他得到了好大一堆糖果。

问 题

同学们,你们能算出聪聪的生日是哪天吗?

答 案

聪聪的生日是1月8日。

剪彩页的故事

以前,有一个小朋友名叫小强。他有一个特殊的爱好——收藏图片。凡是他喜爱的图片,都要用剪刀把它们裁剪下来。

一次,小强购买了一本童话书,这本童话书总共有250页。童话书里面有好几张非常漂亮的彩页,小强看了十分兴奋,爱不释手,立刻准备把它们全都剪下来。

但是,小强的家庭作业没有完成,妈妈不让他做学习以外的事情。没办法,这个艰巨的任务落在了小强爸爸身上。小强恳求爸爸帮他把第5页到第16页的彩页剪下来,然后把第26页到第37页的彩页也剪下来。爸爸听了小强的要求,就应允了。

　　然后,小强的爸爸按照小强的条件把小强喜欢的彩页都剪了下来,叠在一起,放在书桌上。

问　题

　　好了,问题来了。你能计算出小强的这本童话书还剩几页吗?

答　案

　　小强的这本童话书还剩250−12−12−1−1=224(页)。(备注:在剪26页与37页时,25页与38页也就一起剪下来了。)

关于挂历的故事

离元旦还有十天，小洁的爸爸兴冲冲地带回来一卷明年的挂历。小洁比爸爸还要兴奋，等不到晚上，就把旧挂历取下来，挂上了新挂历。

过了三天，妈妈发现后询问："今年的挂历呢？"

小洁担心妈妈会把新挂历摘下来，忙说："旧挂历不用啦，新挂历更好看。"

妈妈抚摸着小洁的脑袋，问道："今年9月1日是星期几，新挂历上能查到吗？"

"能查到。您看，9月1号，星期一。"小洁听说"9月1日"，赶紧去翻新挂历，顺便瞧瞧挂历上的图片。

"我要查的不是明年的，而是今年的。快把今年的挂历找出来！"妈妈有些着急了。

"假如新挂历

能告诉您……"小洁开始犹豫,拖长话音,试探着。

"用这本明年的挂历,假如能查到今年哪一天是星期几,就让你提前用它。"妈妈说话里带有"假如",语气比较委婉。

"好,就这样定了!"小洁和妈妈击掌为约,然后郑重宣布:"我知道今年9月1日一定是星期几了。"

妈妈非常怀疑,说:"真的? 好孩子不说谎!"

小洁高兴得不得了,说:"我当然是好孩子。让我想想看。"

小洁开动脑筋想了想,就向妈妈说出了答案。妈妈一听,高兴极了,夸奖小洁说:"你是好孩子,也是机灵孩子。老挂历不用找了,就用新挂历吧!"

思考提问

亲爱的同学,你知道小洁回答妈妈的答案是什么吗?

答 案

小洁向妈妈说的答案是今年9月1日一定是星期天。

150

啤酒瓶的回收

　　明明是一个机灵好学的孩子,由于成绩优异,经常受到老师和父母的表扬。明明的爸爸是名教师,他喜欢在晚饭时喝两瓶啤酒。

　　一个烈日炎炎的夏天,啤酒销售的旺季又到了。啤酒商规定:只要购买本品牌的啤酒,用四个空瓶,就可以换一瓶啤酒。

　　于是,喝光的啤酒瓶都被爸爸收集起来,准备用来兑换整瓶的啤酒。

过了一段时间,爸爸数了一下空瓶,发现家里一共有201个空瓶。于是,爸爸叫来明明,悄悄地问:"儿子,既然你的数学成绩那么好,那么,我来考考你:我利用这201个空瓶,总共能够兑换多少瓶啤酒?"

　　明明歪着脑袋想了一下,然后非常快速地回答了爸爸的问题。家里人听了明明的回答,都啧啧称赞明明的数学能力,而且奖励给他一个好大的冰激凌。

问　题

　　亲爱的同学们,你们知道明明算出的答案是多少吗?爸爸一共可以兑换多少瓶啤酒呢?

答　案

　　爸爸一共可以兑换67瓶啤酒。